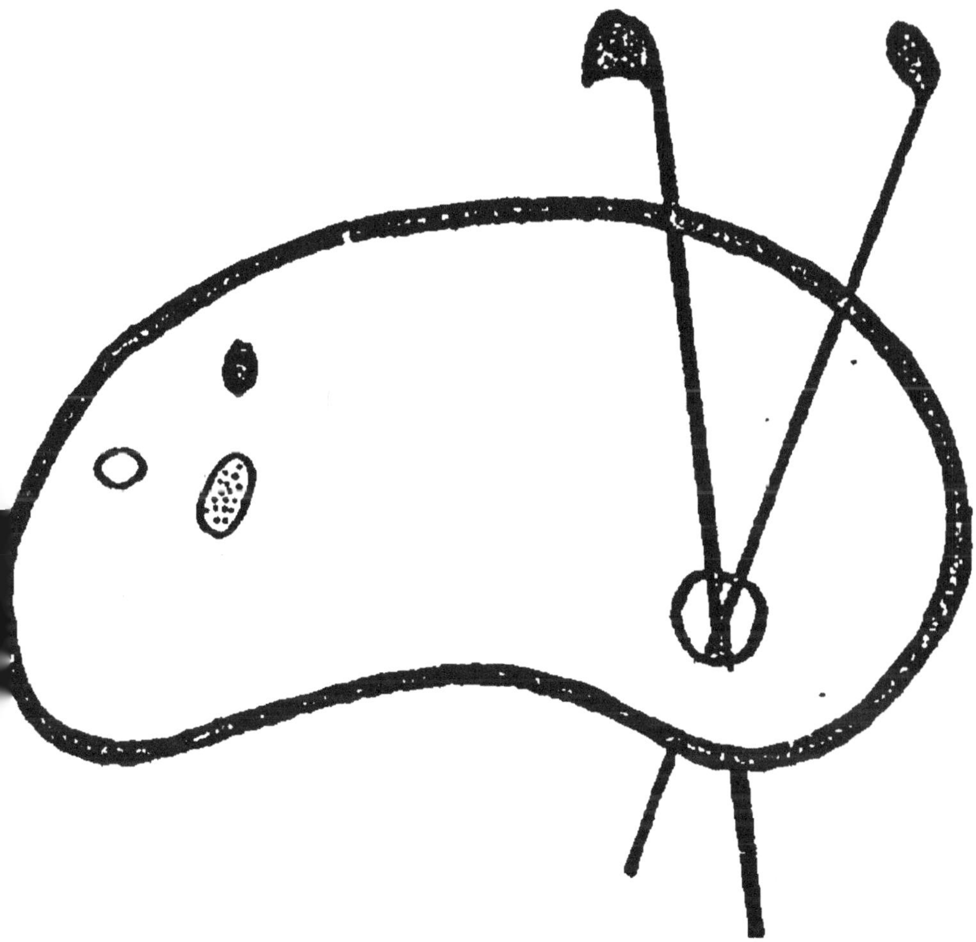

DEBUT D'UNE SERIE DE DOCUMENTS
EN COULEUR

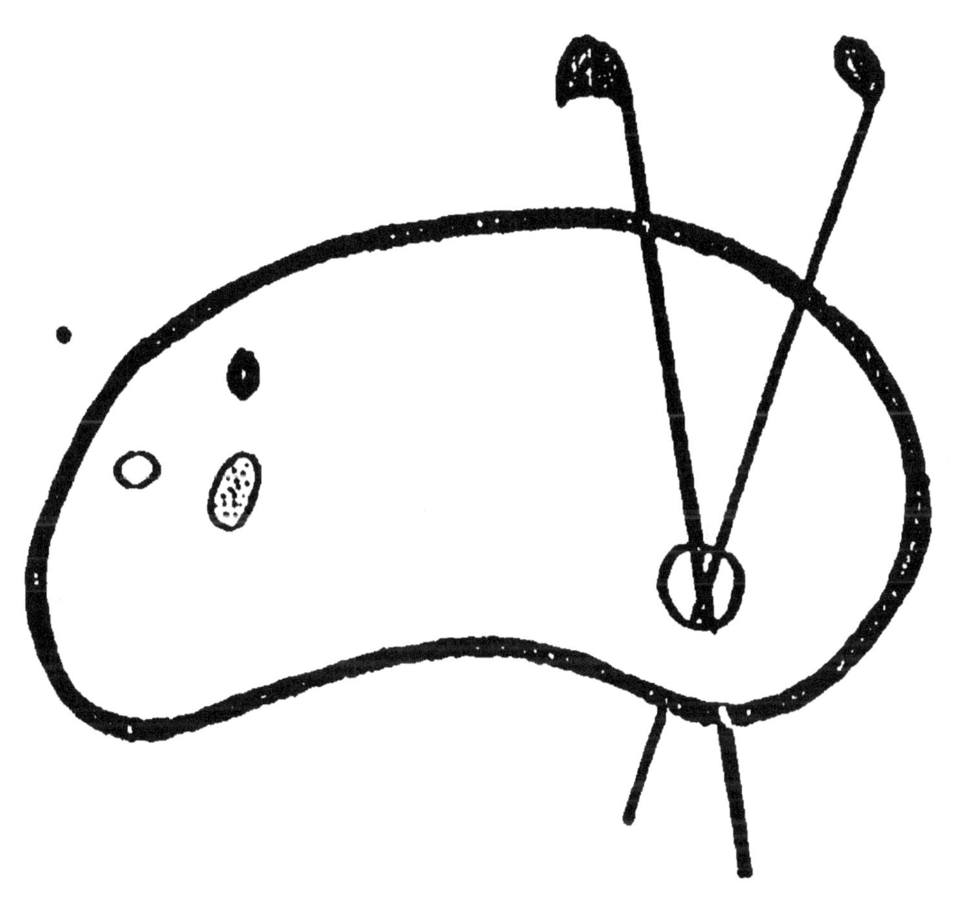

FIN D'UNE SERIE DE DOCUMENTS
EN COULEUR

ETUDES DE GÉOGRAPHIE ANCIENNE

La région de Seyssel. — La grotte des Holleaux.

Nous réunissons ici deux études de géographie historique intéressant le département de l'Ain. L'une a trait à la géographie de la région de Seyssel au temps des romains : la seconde est la description d'une très curieuse grotte, autrefois habitée, où nous avons fait une récolte de curieux silex taillés. Ces deux études ont été écrites pour ainsi dire sur le terrain, c'est le résultat des recherches personnelles que nous indiquons ici. Elles seront comme une contribution à l'histoire incomplètement connue des anciens habitants de notre pays.

I

LA RÉGION DE SEYSSEL

La région de Seyssel, aujourd'hui un peu délaissée et solitaire, a été autrefois, au Moyen-Age et surtout dans l'antiquité, un centre de population fort important. Nous ne voulons pas faire l'histoire géographique de cette région au cours des siècles. Nous voudrions essayer de déterminer quel aspect elle présentait à l'époque impériale ; de nombreux débris, mis à jour depuis de longues années, permettent de fixer l'emplacement des anciennes bour-

gades et d'apprécier leur importance. On verra
entre autres choses combien souvent se déplacent
les centres de population.

Condate. — La voie romaine qui desservait
la vallée du haut Rhône passait sur la rive gauche
du fleuve : on en a retrouvé en maints endroits des
traces certaines. La carte routière dite de Peutin-
ger indique une station, Condate, qui était situé à
vingt et un mille d'Etanna et à trente mille de Genève. Cette station porte un nom qu'on donnait
souvent aux' localités, situées au confluent de deux
rivières. Les distances indiquées, par la carte routière, correspondent assez exactement avec le territoire de Seyssel, compris entre le confluent du Fier
et du Rhône. C'est donc là qu'il faut chercher la
station intermédiaire entre Etanna et Genève. L'emplacement aura pour lui, la concordance des distances et les preuves matérielles de constructions
anciennes. Que le nom de Condate placé sur la
voie romaine de Vienne à Genève, indique un centre de population, ou comme cela arrive souvent,
une simple station à proximité d'un centre de population, cela importe peu (1). Ce qu'on peut affir-
mer, c'est qu'autour de ce point, s'étaient groupées
plusieurs agglomérations importantes, dont les
emplacements avaient été admirablement choisis.
On y trouve réunis des précieux avantages naturels :
la fertilité du sol, la facilité de la défense, la mul-

---

(1) Ducis, *Mémoire sur les voies romaines de la Savoie,*
1863, 1894. On a identifié Yenne et Etanna.

tiplicité des moyens de communication, le voisinage d'un fleuve navigable.

On peut admettre que la station se trouvait à Seyssel ou mieux à Albigny, où le Rhône est assez étroit pour être franchi sans grande difficulté. Sur les plateaux qui dominent la rive gauche du Rhône, à Congeon, à Vens, à Albigny s'élevaient des bourgs importants; sur la rive droite en vue des localités que nous venons d'indiquer, de grandes villas avaient été construites sur l'escarpement d'Anglefort. Il existait donc sur le Rhône un centre de population considérable qu'on n'a pas assez remarqué jusqu'à ce jour.

Vens, Congeon, Albigny. — Le village de Vens qui fait partie de la commune de Seyssel (Savoie), abritée derrière la montagne des Princes, est situé sur un plateau d'accès difficile. Le climat y est d'une grande douceur grâce aux abris naturels qui entourent le territoire. Les gallo-romains avaient choisi pour leur installation un sol privilégié, défendu par le fossé profond du Fier, les flots rapides du Rhône, et le petit ruisseau encaissé d'Albigny. Ils avaient placé là leurs constructions les plus importantes. Les murs anciens se montrent partout. En temps de forte sécheresse (1893), il est facile avec les lignes sèches de la végétation de reconstituer le plan des maisons. Nous avons mesuré un mur ayant vingt mètres de long et plus d'un mètre d'épaisseur. L'appareil était en pierres fortement cimentées, au milieu desquelles on plaçait d'énormes briques pleines. Dans les endroits cultivés, la terre est constellée de briques et de débris. Deux monuments épigraphiques y ont été découverts. Le plus important se trouve aujourd'hui à Seyssel. Il est encastré dans le mur de l'église. C'est un autel dédié à Deo Vintio Polluci, par Terentius fils de Billon. Peut-on douter que le village de Vens doive son nom à ce Dieu protecteur des nautonniers. Une seconde inscription qui se trouve aujourd'hui au musée lapidaire d'Annecy, a été découverte près du château de Vens, elle a trait à un accensus consularis, curator civium romanorum. Beaucoup de tombes avec grands ossements et bijoux grossiers ont été mises à jour par les vignerons. A leurs sujets, nos recherches n'ont pas abouti à un résultat précis.

Au point de vue artistique, une seule découverte est à mentionner : c'est celle d'un doigt de statue en bronze d'un travail assez soigné. La statue à laquelle il appartenait devait être fort grande. Des fragments de marbre de différentes couleurs ont été rencontrés à Vens ou à Congeon, le territoire contigu. De nombreuses monnaies ont été trouvées dans les champs : presque toujours par unité. Nous en avons examiné une très importante collection. Elles s'étagent sur une très longue période et nous prouvent que la bourgade romaine a eu une existence prolongée. Nous avons cru reconnaître un Auguste, beaucoup d'Antonin, un Magnence proclamé empereur à Autun en 350. (Collection de M. Froment.)

Congeon, qu'on a proposé d'écrire Conjonc, est un petit village abandonné, composé de quelques celliers de vignerons, en tout point semblables aux grangeons d'Ambérieu. Il se dresse à la pointe de l'éperon formé par le plateau de Vens, en face du confluent du Fier et du Rhône. Le Rhône rasait de très près le plateau : il a été rejeté vers Anglefort par les énormes dépôts d'alluvions du Fier. Son nom rappelle sa situation à un confluent de rivière comme le mot celtique Condate. On n'a point cependant jusqu'à ce jour fait des découvertes notables. De plusieurs trous creusés pour une plantation partielle de vigne, nous avons vu extraire d'innombrables débris de poterie, des fragments de grandes et épaisses amphores, des murs grossiers en cailloutis. Enfin sur la déclivité septentrionale du plateau de Vens, au lieu dit Albigny, on a trouvé aussi des vestiges gallo-romains. Ici nous n'avons guère à signaler que des murs enfouis profondément dans le sol. Tous sont situés sur une pente assez rapide, coupée de petites terrasses. On en trouve à proximité de la route allant de Seyssel en Chautagne, route qui a succédé à la voie romaine. Pour expliquer la présence de ces débris dans une région souvent ravagée par les inondations du Rhône, on peut supposer que la colline de Vens s'est peu à peu affaissée, à la suite d'affouillements profonds du fleuve. C'est là que nous plaçons Condate ; la station était à proximité du fleuve où la navigation pouvait être active ; elle était à côté du bourg qui couvrait le territoire de Vens et de Congeon. Les distances indiquées par la carte nous amènent précisément à ce point.

Seyssel. — J'arrive à la ville de Seyssel, assise sur les rives du Rhône. Elle est divisée en deux localités par une fiction administrative. Des trois localités qui se rapportent au Condate de la carte romaine, c'est la moins riche en documents anciens. Elle a dû cependant être de tous temps une station fréquentée en raison de son excellente situation géographique et économique. Mais elle a été aussi balayée par les flots sans cesse renouvelés de l'invasion barbare. Les témoins de son ancienne existence ont été dispersés, ou bien au Moyen-Age ont été utilisés pour les constructions nouvelles. Il ne faut pas oublier non plus que de nombreuses inscriptions de cette région, ont été transportées à Belley, sans indication de provenance. Il est regrettable que l'absence de catalogue ne permette pas d'arriver à ce sujet à des résultats précis. Quoi qu'il en soit on a fait dériver le nom de Seyssel de Sextillus dont on avait retrouvé un cippe mentionné par Guillemot, dans son *Introduction à la monographie historique du Bugey*. M. Ducis donne pour étymologie le mot latin sessile, où l'on peut faire station. Deux inscriptions ont été vues à Seyssel, d'abord celle du dieu Vens que nous avons cité et qui sert de piédestal à une croix de pierre. Les lettres sont assez grandes et grossières (*Bono reipublicæ nato*). Elle a été retrouvée lors des travaux de restauration entrepris, il y a trente ans, dans l'église paroissiale. Elle était enfouie dans une grosse maçonnerie. C'est la seule inscription de provenance certaine que nous trouvions ici. Quant à celle citée par M. Allmer (iii, 685) relative à Caius Clodius, préfet remplissant les fonctions de duumvir, elle a disparu et personne dans la localité n'en a conservé le souvenir. Elle est probablement enfouie sous un épais crépissage comme celle trouvée à Ceyzérieu (n° 724) et que nous n'avons pu dégager.

Des monnaies ont été trouvées sur la rive droite et sur la rive gauche du Rhône. Elles sont de l'époque impériale. En 1860, un dépôt assez important fut découvert, il renfermait des monnaies du troisième siècle. Si l'on en croit le dépouillement sommaire fait par Guigue, l'ancien archiviste du Rhône, la médaille la plus récente était de Postumius (1).

Nous n'examinerons pas l'hypothèse d'un pont romain qui aurait relié à Seyssel les deux rives du Rhône. L'existence d'un pont peut être regardée comme probable. Il est à regretter que lors des reconstructions successives du pont actuel et des quais, on ne se soit pas préoccupé de ce problème archéologique. Jusqu'à ce jour on n'est point autorisé à être affirmatif malgré des traditions respectables et des récits pieusement conservés. Le Rhône est ici très étroit : il peut être facilement franchi. Nul doute qu'une communication régulière n'ait été établie à ce point, où nombre d'archéologues ont placé la station romaine de Condate.

Anglefort. — Anglefort, sur la rive droite du Rhône, a été habité à l'époque romaine. Mais cela

---

(1) V. De Quinsonnas, *De Lyon à Seyssel.* Guigue, *Topographie de l'Ain*, art. Seyssel. Fenouillet, *Histoire de Seyssel.* Allmer, *Inscriptions de la Viennoise.* — *Revue Savoisienne*, 1893, 1894.

ne justifie pas les singulières assertions avancées sur elle par d'aventureux savants. On a voulu en faire une forteresse importante autour de laquelle s'étaient abrités de nombreux habitants (voir notamment Guillemot). Il faut en rabattre quelque peu. Les antiquités recueillies dans cette commune viennent de deux endroits bien déterminés où s'élevaient deux villas romaines, d'une étendue considérable, propriété de riches et puissantes familles.

La première se trouvait vers l'église sur un petit terre plein qui domine la vallée inférieure du Rhône. Avant la construction du chemin de fer de Lyon à Genève, le fleuve longeait le petit escarpement sur lequel se dressait l'habitation gallo-romaine. Il a été rejeté fortement sur sa rive gauche et n'a laissé comme preuve de son passage que d'énormes amas de cailloux et de sables. C'est le deuxième changement de direction que nous observons dans la région de Condate, le premier s'étant produit au pied même du plateau de Vens. La villa est représentée par des murs, des briques, des débris informes dont le passant peut voir les multiples échantillons dans les éboulis. C'est de là qu'ont été tirées les inscriptions dont on trouve la reproduction dans le recueil Allmer, t. III, n° 687-689. L'une est enchassée dans le mur du prieuré, les deux autres dans l'église.

La seconde villa est beaucoup plus importante : elle était située sur le même plateau que la première mais plus au nord, c'est-à-dire plus rapprochée de Seyssel. Elle était de grande dimension. Les murs mis à découvert lors d'une récente plantation de vigne sont très étendus. Le territoire où s'élevaient les bâtiments d'exploitation et d'habitation s'appelle encore *sur la ville*, tant est grande la persistance des anciens souvenirs. Aucun objet intéressant n'a été découvert sur l'emplacement de la villa. Je n'ai vu que les débris ordinaires déjà mentionnés. En revanche nous avons été plus heureux dans le territoire qui porte le nom de *sous la ville*. Il est situé à quinze mètres du précédent, à proximité du Rhône : à côté s'élève le village de Boursin, le plus riche de la commune d'Anglefort, en terres de bonne culture. L'endroit était bien choisi pour avoir une exploitation agricole d'un excellent revenu. De là, on aperçoit Vens, distant à vol d'oiseau d'environ 1,000 mètres et les bailles du Fier. Le paysage est merveilleux.

Des fouilles nombreuses ont été faites dans ce territoire. Dans la partie qui avoisine le Rhône, on a retrouvé des traces d'habitation, la terre semble avoir été fortement calcinée. Il y avait là un petit groupe de population sur les bords du fleuve. Enfin de nombreuses pierres tombales ont été extraites de la déclivité qui se trouve immédiatement au-dessous de *sur la ville*. Les pierres tombales de ce deuxième groupe nous ont toujours frappé par leur masse énorme ; les sarcophages tirés de cet endroit sont de forte dimension. Nous ne parlerons pas de celui qui sert de bac à la fontaine de la commune, sinon pour dire qu'il est heureux que son inscription soit conservée dans les livres. Rongée incessamment par l'eau, elle est devenue illisible. On ne saurait trop regretter cette indifférence pour les monuments historiques.

Les inscriptions 690 et 691 du recueil Allmer, longtemps abandonnées sur un mur, ont disparu et sont *allées enrichir un musée étranger*. Nous avons assisté à la découverte d'un nouveau monument épigraphique. Il était profondément enfoui dans la terre et les différents propriétaires du sol avaient eu souvent maille à partir avec lui. A sa partie supérieure, il porte des traces de brisures violentes, à coup de pioche ou de marteau, brisures d'autant plus fâcheuses qn'elles empêchent la lecture de la première ligne de l'inscription. Le sarcophage a une longueur de 2 mètres 16 et une hauteur de 0 mètre 70, non compris le couvercle, une épaisseur totale de 0 m. 85. L'intérieur était creusé, et les parois de la cavité avaient une épaisseur de 0 m. 15. La pierre, après être restée quelque temps au bord de la route a été placée près d'un puits, et retaillée à l'intérieur, sert maintenant à l'abreuvage du bétail. L'inscription, comme celle de la fontaine communale, est renfermée dans l'encadrement d'une triple moulure avec appendice en queue d'arronde contenant les deux lettres D et M., de très grande dimension. L'inscription se développait sur trois lignes : la première n'est plus représentée que par des lettres informes ou incomplètes. Le tombeau, semble-t-il, avait été élevé, par un affranchi reconnaissant, à son patron auquel il devait la liberté. Le sarcophage était recouvert d'une énorme dalle arrondie qui a été utilisée pour construire la margelle d'un puit. Cette découverte a été com-

plétée par une autre : à côté des tombeaux à inscription on a trouvé des sépultures plus simples.
Chaque tombe se composait de quatre grandes pierres plates en grès grossier. Aux deux extrémités des
pierres moins longues. Celle qui était en tête faisait fortement saillie. Nous avons remarqué une
particularité curieuse : une de ces tombes était
divisée en deux compartiments : elle renfermait
aussi les débris de deux squelettes. On y a trouvé
des os énormes et une épée en acier avec une
garde en cuivre d'un travail assez délicat. Sommes-
nous là en présence d'un de ces cimetières datant
de l'invasion barbare et qu'on confond sous le nom
général de cimetière burgonde ? Je ne sais : tout
ce qu'on peut dire c'est qu'ils sont fréquents dans
cette région. On en a trouvé un semblable à Culoz
sur les pentes du grand Colombier, à Vanchy près
Bellegarde.

Enfin, c'est non loin de *sous la ville* qu'on a découvert un très intéressant trésor de monnaies
romaines, sur lequel on a écrit beaucoup d'inexac-
titudes. Le trésor a été trouvé en plein champ, profondément enfoui. Il était enfermé dans un énorme
vase de cuivre jaune, ressemblant assez à un chau-
dron de confiseur. Il devait être muni d'une anse ;
à l'endroit où elle s'accrochait on remarque deux
têtes de serpent d'un travail artistique. Cette première marmite était recouverte par un énorme
chapiteau, ayant la forme d'un chapiteau d'alambic.
Les deux parties du vase étaient retenues par un
solide cercle de fer. A l'intérieur, on a trouvé cin-
quante deux kilogrammes de monnaies en cuivre

et en bronze de dimensions très variables. Beaucoup étaient extrêmement petites, assez semblables aux pièces d'un centime. Ce qui nous a surtout frappé c'est la présence d'un grand nombre de pièces étamées. Elles étaient sans doute destinées à remplacer les pièces d'argent. Nous avons là une preuve de plus de l'abondance de la fausse monnaie au IIIe siècle, une des périodes les plus troublées de l'histoire de l'empire. La plus ancienne monnaie est de Postumius, 257, la plus récente de Carinus, le prédécesseur immédiat de Dioclétien, 284. Le vase et une partie de son contenu ont émigré à l'étranger, achetés par un antiquaire belge. On sait que les découvertes de ces énormes amas de pièces de cuivre ne sont pas rares dans nos régions. Il est assez difficile d'en donner la raison. Ici elle nous échappe complètement et la prudence nous oblige à n'émettre aucune hypothèse.

Là se termine notre promenade rétrospective dans la région de Seyssel. Comme on le voit par ce qui précède, l'occupation romaine a laissé dans cette partie de la vallée du Rhône des traces importantes à tous les points de vue. Elle est restée un grand centre de population mais les groupements se sont déplacés. Les hommes abandonnant les positions fortes se sont établis dans la plaine où les relations commerciales sont plus faciles à organiser. Nous avons fixé sur le plateau de Vens, la bourgade gallo-romaine, j'espère que les preuves fournies convaincront le lecteur. Aujourd'hui le plateau de Vens est loin d'avoir l'animation ancienne. On peut dire qu'il est abandonné, comme du reste sont abandonnés le Rhône et la route qui a succédé à la voie romaine. Seyssel qui, sous la domination romaine n'a pas été un village important si l'on en juge par le peu de débris anciens qu'il renferme, est devenue une petite ville très active, il y a quelques années. C'est le centre administratif de la région. Quant à Anglefort où les découvertes faites auraient suffi à peupler un musée, elle est une commune rurale, isolée, à l'écart des grandes routes', moins brillante qu'aux jours lointains où ses deux villas opulentes se dressaient sur ses coteaux.

II

LA GROTTE DES HOTTEAUX

Les pages qui vont suivre sont consacrées à l'un des plus anciens centres habitées de notre département et nous font remonter bien plus avant dans les siècles écoulés que la région de Seyssel. Nous voulons y décrire, une des belles grottes du Bugey, habitée aux temps quaternaires, dans la période magdalenienne.

Cette grotte est située à quelques mètres de Rossillon, station de la ligne ferrée de Culoz à Ambérieu-en-Bugey. Elle est à l'entrée de la sauvage et étroite gorge des Hopitaux, gorge parallèle au pittoresque cânon du Rhône, entre Yenne et Lagnieu, où se trouve la grotte de la Bonne-Dame habitée à la même époque.

L'escarpement très abrupt qui domine au nord

le couloir des Hopitaux est fissuré de nombreuses crevasses, d'où bondissent souvent de belles sources d'eau limpide. La grotte des Hotteaux est pour ainsi dire entourée d'eau de tous côtés, elle jaillit un peu partout, assez forte pour faire tourner les roues d'un moulin. Cette circonstance l'a désignée naturellement à l'attention de ses primitifs habitants. Elle a d'autres avantages : elle est orientée vers le midi, et reçoit pendant de longues heures le soleil. Ce qui n'était pas à dédaigner à une époque où le grand glacier du Rhône était très étendu et enserrait les quelques îlots de verdure de notre contrée, et où la température était fort rigoureuse, si rigoureuse, que, dans le Bugey, vivaient l'ours, la marmotte, le renne (1).

La grotte est fort spacieuse : elle se décompose en plusieurs parties, et si l'on s'en rapporte à la classification de M. de Mortillet, adopté par M. Martel dans son livre sur *les Abîmes*, elle est à la fois grotte et caverne. Nous entrons d'abord dans une première chambre, largement ouverte ; la grande baie par où pénètre la lumière, qui a une hauteur de dix à douze mètres, est arrondie à son sommet. De la plateforme extérieure, un peu élevée, on domine très bien les prairies mouillées de la vallée du Furan, et les bois environnants. Il est facile aux habitants de la grotte de surveiller la plaine, d'y voir passer les grands fauves et les pai-

---

(1) Voir pour les détails, G. de Mortillet, *le Préhistorique*, les ouvrages de A. Bertrand, Lubbock, etc., Falsan, *La Période glaciaire*.

sibles ruminants. De là, les paléolithiques pouvaient préparer leurs chasses et poursuivre le gibier lorsqu'il passait à leur portée. Cette première grotte est suivie d'une seconde. On y accède par un couloir étroit, long de cinq mètres. On y pénètre à genoux. Ce couloir est rempli de gros cailloux roulés et de sable fin. Il nous conduit dans une seconde grotte circulaire, munie dans la partie supérieure d'un puits d'aération. A droite, j'aperçois un petit trou noir ; pour y pénétrer il faut se coucher à plat ventre et ramper sur le sol humide, presque glissant, pendant trois mètres : on arrive ainsi à une troisième grotte, ayant même forme, même dimension que celle que nous venons de quitter. Il y a deux trous dans la voûte, avec des stalagmites. Dans le plancher un puits ; il est comblé par des cailloux et du sable. Partout l'eau suinte et tombe en gouttes fréquentes. Malgré la grande sécheresse qui régnait lors de notre dernière visite, l'humidité était extrême dans ce cul-de-sac. Les sources que nous avons vu jaillir au dehors ont du passer par là : on les entend, du reste, très bien couler autour de soi. Toute la montagne est comme sculptée intérieurement. La résonnance y est curieuse. Au moment où nous étions dans ce trou perdu, un train a passé dans la plaine. La montagne s'est mise à trembler et nous avons perçu des bruits violents et des trépidations très vives. Dans cette dernière grotte, obscure et isolée, on trouve, sous une épaisse couche de sable, des traces de feu. Les primitifs s'y étaient donc établis pour se mettre à l'abri des dangers du dehors et goûter quelques instants de tranquillité.

La première grotte est la seule jusqu'à présent qui ait fourni des preuves importantes du séjour de l'homme. Elle semble avoir eu une population très nombreuse. Nous avons compté jusqu'à huit foyers distincts, repartis également des deux côtés de la grotte. C'est autour de ces foyers que les silex ont été trouvés. Une couche de matériaux de natures diverses, les recouvrait. Elle était composée de petites pierres calcaires tombées de la voûte, d'argile tenace, ou de sable blanc, très fin, charrié par la source du fond. Cette couche que nous avons mesurée en plusieurs endroits, avait une épaisseur qui atteignait toujours et dépassait souvent un mètre ; ce qui donne mieux l'idée de son épaisseur et de sa dureté, c'est le fait suivant : une maison avait été construite dans la grotte : les murs de fondation, profonds cependant, n'avaient pas atteint le terrain préhistorique.

Les fouilles ont été pratiquées en août 1894 (1). Le mérite et l'idée première en reviennent, je crois, à M. Tournier, curé de Contrevoz. Le déblaiement de la grotte a été très long, mais les ouvriers de la première heure ont été récompensés par de belles découvertes. Ceux qui sont venus après, comme nous, ont encore trouvé à glaner et des instruments et d'utiles observations. Nous allons les consi-

---

(1) Depuis que ces lignes ont été écrites, M. Tournier a publié un long et intéressant mémoire sur les *Hommes préhistoriques dans l'Ain*. Voir aussi, dans Spélunca, J. Corcelle, *Grottes du Jura méridional* ; dans la *Revue de Géographie*, J. Corcelle, la *Spéléologie, Études nouvelles sur les Grottes,* avril 1896. (Note de 1896.)

gner rapidement. Chaque foyer se signale par une trace noire incrustée dans la paroi, trace qui a bravé bien des siècles, par une couche de charbon et de terre calcinée, parfois par la présence de grosses pierres ou de petits amas de cailloux. C'est aussi primitif qu'au centre de l'Afrique. Autour de chaque foyer, un amas extraordinaire d'os ; ceux qui ont une certaine taille, sont tous brisés, — les chasseurs en suçaient la moelle, — beaucoup d'os d'oiseaux. Autour du foyer se plaçait l'atelier. C'est assis sur des pierres noircies par le feu que nos ancêtres taillaient leurs pauvres instruments. Ce qui le montre, c'est l'abondance extraordinaire d'éclats inemployés et surtout de « nuclei » ou pierres matrices que nous avons trouvés. Ces nuclei portent souvent en creux la figure de l'instrument qu'elles ont fourni grâce à la frappe ; ici une pointe de flèche, ailleurs, sur un silex veiné de noir d'un grain très fin, une petite lame délicate. Les silex employés dans la grotte des Hotteaux ne se trouvent pas dans le pays en abondance. Ces pierres ont dû être apportées de loin ; ce fait a du reste été constaté depuis longtemps. A remarquer aussi l'étonnante variété de pierres employées. Un de nos échantillons qui a reçu un commencement de taille grossière, appartient à la commune voisine de la Burbanche. Fait important, une sépulture a été découverte dans la grotte. Le squelette trouvé est presque intact. Il appartient à une race déjà perfectionnée, bien supérieure à celle de Neauderthal. Le squelette était accompagné d'instruments magnifiques, en silex ou en corne de renne.

La grotte des Hotteaux se rattache à l'époque de la Madeleine. M. Gabriel de Mortillet, à qui j'avais soumis quelques-unes des pièces que j'ai trouvé, nous l'a affirmé. Du reste, comme dans toutes les grottes de la même série, on a découvert un bâton de commandement, un dessin de renne sur os, des aiguilles, des dents polies. J'ai pu vérifier bien vite la vérité d'une observation faite par M. de Mortillet et d'autres anthropologistes : Dans la grotte des Hotteaux, il y a prédominance de certains types d'instruments servant à racler, à couper, à percer. Ces instruments sont de petite dimension. Ils servaient pour la confection des habits en peau, dont vraisemblablement, en raison du froid intense qu. régnait, on faisait alors usage. Les racloirs à mains sont particulièrement remarquables et par la variété de la matière employée et par le soin avec lequel le tranchant a été retouché. Les couteaux étaient nombreux et de longueurs diverses. Nous en avons trouvé de dimension très exiguë, et si nous n'avions pas eu pour les déterminer, la haute autorité de M. de Mortillet, nous n'aurions jamais supposé que ces petites lames de silex fin étaient destinées à couper un objet quelconque. Il faut observer aussi que des pierres d'ordre inférieur, des brèches, étaient employées à la fabrication d'instruments coupants. Les habitants de la grotte fabriquaient aussi d'élégants perçoirs, destinés sans doute à exécuter les points de couture aux peaux de leurs vêtements. Ils étaient arrivés à tailler la pierre avec assez d'habilité pour en faire des poinçons, aussi aigus, aussi pénétrants que nos modernes pointes d'acier. Tous ces instruments sont faits avec un art et une sûreté de main remarquables. Nous sommes loin des pointes informes de la série chelléenne. Nous en avons déposé les types principaux au musée de la Société de Géographie.

Nos primitifs ancêtres ont su tirer de la pierre, de véritables merveilles. Nous n'avons pas trouvé de gros instruments : haches ou casse-têtes. La pierre était réservée pour les outils de précision. Les armes, par exemple, devaient être en bois de renne, comme dans toutes les stations de ce genre.

Comme on le voit, la grotte des Hotteaux tiendra sa place dans les vieux centres habités de notre département. Elle est la première grotte magdalenienne découverte avec celle, beaucoup moins importante, de la Bonne Dame, à Brégnier-Cordon. C'est un des anneaux de cette grande chaîne d'ilots habités qu'on trouvait dans la vallée du Rhône à la fin de la période glaciaire. Nous voyons le premier anneau à Veyrier, au pied du Salève, où une habitation du genre de la nôtre, mais bien moins profonde, c'était presque un abri sous roche, a été explorée et fouillée. On peut en dire autant de celui qui a été trouvé à l'Hôpital, sur les bords de la Vezeronce.

Les populations étaient alors nomades et cheminaient dans le creux des vallées, s'arrêtant dans les pays giboyeux, habitant temporairement les grottes, émigrant lorsque la température était mauvaise ou lorsque les ressources, en fruit et en viande, se faisaient rares.　　　J. CORCELLE.

LE MOUVEMENT GÉOGRAPHIQUE

Département de l'Ain : Don en Valromey et sa vieille poterie. Le canal des deux mers et le canal du Rhône à Marseille. M. Gauthier à Madagascar, Sakalaves et Hovas. Mission Decœur dans le Borgou. M. Harry Alis.

DÉPARTEMENT DE L'AIN : DON EN VALROMEY ET SA VIEILLE POTERIE.

Le Valromey est non seulement un très pittoresque pays, la joie des touristes, c'est aussi un pays fort riche en antiquités romaines. A ce point de vue il n'a pas encore trouvé son historien : ce qui est plus grave pour nous, les richesses qui ont été livrées par son sol, sont éparses de tous côtés au lieu d'être réunies dans un musée national. Nous avons découvert sur les pentes méridionales du Colombier, non loin de Don en Valromey, un atelier de poterie romaine, ignoré jusqu'à ce jour. Il appartient à la région où s'élevait le *vicus venelonimagus*, aujourd'hui Vieu, une des régions les plus riches de notre département en monuments antiques. La situation de l'atelier est curieuse. Il s'élevait au bas d'une colline entourée de trois côtés par le Seran, un affluent du Rhône. C'est un endroit facile à défendre, qui a été habité dès la plus haute antiquité. Sur un côté, nous avons trouvé un gros fragment de mur en pierre sèche, de ces murs qu'on appelle volontiers celtiques. Il était enfoui dans une masse énorme de décombres qui avaient glissé du sommet de la colline. Dans cette première couche on a découvert une herminette, deux haches polies en serpentines. Le nom du lieu est singulier : Pelazoie.

Le second étage est l'étage gallo-romain : la poterie qu'il renferme pouvait s'approvisionner dans les environs immédiats où se rencontrent des argiles de différentes couleurs. L'eau n'était pas loin. Ce sont là conditions indispensables pour un établissement de ce genre. J'ajoute que les communications étaient faciles avec les contrées voisines ; l'exportation des vases de toutes natures, fabriqués dans l'atelier, était assez étendue. Nous avons cru reconnaître à Vens, à Seyssel, des formes analogues à celles très particulières que nous avons observées dans cet atelier. Parmi les vases de grande dimension, nous avons rencontré des spécimens nombreux de dolium qui servaient à la conservation des grains, d'amphores, destinés à contenir l'huile, le vin, l'eau. Le propriétaire du champ a retiré de la terre plusieurs amphores d'une élégance singulière : la forme du vase, fort élancée, rappelait des objets analogues trouvés en Grèce. L'une des amphores, très bien conservée, mesurait un mètre vingt centimètres de hauteur, elle est de tout point remarquable. Le modeleur avait un véritable goût artistique pour pouvoir donner à un vase usuel une forme aussi gracieuse. Puis venaient des poteries plus petites, en terre noire avec ornementation particulière, des plats ornés de stries régulières, bleus, rouges avec des fragments de mica dans la pâte.

Nous avons cherché avec soin quelles étaient les marques spéciales à cet atelier de poterie gallo-romaine. Nous avons examiné plusieurs centaines de fragments de poteries grises, noires, rouges; nous n'avons pas été heureux. Sur l'amphore intacte dont nous avons parlé, nous avons observé au milieu de la panse, une série de quatre stries très régulières, ayant la forme d'un a. Sur un fragment d'amphore nous avons trouvé une espèce de sceau, appliqué près du rebord supérieur, très près du point d'attache de la anse. Le sceau se composait d'une circonférence régulière entourée d'un pointillé très accentué; sur un autre ƒnous avons pu distinguer quelques lettres. L'atelier a été détruit violemment comme toutes les constructions de la région, et détruit en pleine prospérité, avec une sauvagerie incroyable. Partout nous avons pour ainsi dire saisi sur le vif, les traces d'une violence prodigieuse. Les fragments que nous avons remués étaient enfouis dans une couche de terre noire épaisse de quinze centimètres, grasse et pleine de détritus organiques. Çà et là quelques pièces de fer tordues par le feu. Tout gisait dans un pêle-mêle étrange. Les murs s'étaient abattus les uns sur les autres. Une épaisse végétation avait ensuite tout recouvert. Au Moyen-Age, les hommes s'étaient établis au même endroit; mais pour être mieux en sûreté, ils avaient construits une maison forte au sommet de la colline qui porte le nom caractéristique de

Cuchon. C'est dans cet atelier gallo-romain que nous avons le mieux compris quel bouleversement effroyable les barbares avaient causé au V⁰ siècle dans l'empire romain. (V. *Revue Savoisienne*, 1895.)

LE CANAL DES DEUX MERS ET LE CANAL DU RHÔNE A MARSEILLE.

Deux projets de navigation fluviale sont à l'ordre du jour en France, deux projets d'inégale importance, mais qui intéressent au plus haut point le développement de nos forces économiques : le canal des Deux Mers, le canal de jonction du Rhône à Marseille.

Sur le canal des Deux Mers, le *Bulletin* a publié une étude montrant combien serait dangereuse cette entreprise, quels mécomptes elle réserve à ceux qui la tenteront. Au congrès géographique tenu en 1888, on n'a pas épargné les critiques au canal. Mais ses promoteurs ne se lassent jamais, et le gouvernement a du remettre à nouveau à l'étude cette grosse question pour faire preuve de bonne volonté. Un géographe d'une compétence indiscutable, M. Schrader, vient à son tour d'examiner la question au point de vue commercial. Il s'est demandé ce que ferait le navire qui aurait à choisir entre le canal des Deux Mers et Gibraltar. Le canal de Suez a réussi parcequ'il a 140 kilomètres et qu'il économise aux navires allant en Asie un trajet de 16.000 kilomètres. L'existence et la mise en valeur d'un navire à vapeur se chiffrent par un ensemble d'éléments très simples. La construction, l'entretien, l'équipage, le charbon, l'amortissement du capital dont chaque jour diminue la durée, constituent un ensemble de charges dont le total pour un laps de temps donné, doit être compensé par le frêt, la différence en plus ou moins constituant le bénéfice ou la perte. Il est donc évident que toute abrévia-tion de voyage doit théoriquement accroître le bé-néfice, amoindri, il est vrai, par la taxe payée au canal. Or, si l'on consulte les comptes d'armements, on voit que le navire dépense entre Port-Saïd et Suez, où il va en marche réduite, la moitié à peu près de ce qu'il aurait dépensé pour contourner le Cap. Le canal des Deux Mers aura 450 kilomètres, les frais seront bien plus coûteux et ils équivau-draient à plus qu'à la circumnavigation de l'Afrique entière. Et cela pour économiser la circumnaviga-tion de l'Espagne. Le résultat n'est pas douteux : pas un navire ne passera par le canal projeté.

Mais est-ce à dire qu'on ne doit rien faire ? Loin de là ; le canal de Riquet, trop faible de section, rendu inutile par un bail malheureux, doit être ap-profondi et former une libre voie de navigation. Libéré et recreusé, le canal serait une grande voie économique où les bateaux chargés passeraient en longues caravanes : la région de la Garonne aurait en lui un puissant élément de vitalité à bon marché

Le canal de jonction du Rhône à Marseille est lui aussi depuis longtemps à l'étude ; il nous intéresse vivement puisqu'il est destiné à rendre à la vallée du Rhône son activité perdue, à faire de Lyon presque un port de mer.

Ce n'est un mystère pour personne que le tunnel du Saint-Gothard et même celui du Cenis ont nui beaucoup au commerce de Marseille, qu'une grande partie du transit s'est reporté sur Gênes, qu'il est urgent d'arrêter l'amoindrissement de Marseille. Gênes a fait les sacrifices et les efforts nécessaires pour profiter des circonstances nouvelles et justifier les préférences dont elle est l'objet de la part de l'Allemagne, de la Hollande, de la Belgique, de la Suisse, faveurs qui se traduisent par un sensible abaissement des tarifs internationaux. Rien n'a été négligé pour outiller et améliorer son port, relié à New-York, Buenos-Ayres, Calcutta, etc. En dix ans, de 1880 à 1890, le mouvement de son port a doublé. Marseille n'a pas augmenté d'un tiers pendant la même période.

Pour permettre à Marseille de vaincre sa redoutable rivale, et d'arrêter l'invasion des produits allemands en Italie, M. Charles-Roux, un distingué économiste, propose depuis longtemps de mettre, par un canal, Marseille en communication directe avec le Rhône, cette grande voie naturelle de l'Europe centrale. Elle jouira alors d'une sorte de privilège indestructible, puisque, par le fleuve amélioré, elle rayonnera très loin au nord. Le canal de Saint-Louis au Rhône creusé en 1870 est insuffisant. On projette d'en établir un plus grand qui partant d'un bassin d'évolution et de stationnement aménagé dans l'anse de la Madrague, au nord de Marseille, passe en souterrain la montagne de l'Estaque, pénètre dans l'étang de Berre, en suit la côte sud jusqu'à Martigues, à l'abri d'une digue en enrochement, va par la mer de Martigues à Bouc, emprunte le canal élargi de Bouc à Arles, et aboutit dans un bassin de garage du grand Rhône, vers les écluses du Bras Mort. Ce canal permettrait d'utiliser comme voie de transport le fleuve jusqu'à Lyon, fleuve dont on a singulièrement amélioré le cours depuis dix ans. Reste la carte à payer. En Angleterre, la ville intéressée la solderait. Manchester vient de donner un bel exemple avec son grandiose canal maritime. Marseille semble disposée à l'imiter; le projet dont nous parlons vient d'être décrété d'utilité publique, et notre grand port méditerranéen s'est engagé pour 20 millions de francs. Il faut se hâter d'agir et donner à la vallée du Rhône cet indispensable élément de prospérité. Si l'on tardait, dit très bien M. Charles-Roux, le mal pourrait devenir irréparable, et le commerce français entier en porterait la peine à jamais; les courants commerciaux, une fois détournés, ne peuvent plus être ramenés dans leurs anciens lits, et les marchandises oublient pour toujours le chemin qu'on leur a laissé désapprendre (1).

---

(1) Voir M. Charles-Roux. *Le Canal de Jonction du Rhône à Marseille*. 1894. *Revue de Géographie*, directeur, M. Drapeyron, 1894.

M. GAUTHIER A MADAGASCAR

Nous avons rappelé dernièrement les noms des Français qui ont exploré Madagascar. Nous indiquerons aujourd'hui les principaux résultats auxquels est arrivé notre compatriote, M. Emile Gauthier, qui vient de rentrer après un voyage de trente mois à travers la grande île africaine.

C'est au sortir de l'Ecole normale, après les examens d'agrégation, que M. Gauthier fut chargé d'une mission d'exploration. Plus heureux que beaucoup d'autres, il est revenu avec un beau butin scientifique. Il vient de nous donner son avis sur les deux populations principales de Madagascar, les Sakalaves et les Hovas. Elle est bonne à connaître au moment où nos soldats plantent le drapeau tricolore sur notre vieille colonie. M. Gauthier n'aime pas les Sakalaves qu'une tradition respectable, remontant à Louis-Philippe, fait regarder comme étant nos amis. Ils habitent sur les bords de la mer, ne s'en éloignent guère à plus de soixante kilomètres. Ils ont vu beaucoup d'étrangers, malgré cela ils sont encore plongés dans une atroce barbarie ; ils ne se sont laissés convertir ni par les missionnaires d'Europe ni par les musulmans et ont gardé précieusement leurs fétiches et leurs sorciers. Chez eux, pas d'ordre, pas de gouvernement ; partout l'anarchie a donné des habitudes invétérées de brigandage. Les Fahavalos, auxquels on a à reprocher tant d'assassinats, tant d'incendies, sont des Sakalaves. M. Gauthier affirme que chez ces sauvages, on vole, on tue comme on respire ; c'est une fonction naturelle. Aussi, l'ouest et le sud de Madagascar sont-ils un repaire de brigands. Nous aurons, semble-t-il, fort à faire pour donner à ces nègres des idées plus régulières.

Les Hovas sont des anges à côté des Sakalaves. Ils sont, il est vrai, soumis à un détestable gouvernement, d'une fourberie, d'une duplicité sans pareille ; nous en savons quelque chose. Mais ils sont travailleurs, industrieux et économes. Leur pays, situé au centre et à l'est, est bien cultivé ; dans le fond des vallées, de magnifiques rizières. Les coteaux sont irrigués et verdoyants. Les maisons en briques crues sont spacieuses. L'ivrognerie publique est inconnue. « Le Hova se grise chez lui, à huit-clos, solitairement et sans bruit, avec beaucoup de tenue et de décence. » Nos sujets de demain ont donc déjà des habitudes d'ordre et de travail. Ils viendront à nous si le gouvernement qui les domine disparaît. Ils ont au plus haut point le respect de la force.

Les missionnaires, qui n'ont aucune prise sur les Sakalaves, ont réussi à convertir les Hovas. Le gouvernement s'en est mêlé, il a interdit les pratiques du vieux fétichisme, et ordonné à ses sujets d'adopter la religion nouvelle, catholicisme ou protestantisme. C'est le protestantisme qui tient la corde ; il est pratiqué à la cour de Tananarive. La grande majorité des 225 missionnaires qui catéchisent l'Emirne lui appartiennent. On en trouve de toutes les confessions et de tous les pays, des norwégiens, des américains, des anglais, et parmi eux surtout des méthodistes, nos pires ennemis, dont les agissements malhonnêtes ont été si souvent signalés par le vaillant député de l'Ile Bourbon, M. de Mahy.

Grâce à ces missionnaires, des écoles ont été ouvertes : on compte à Madagascar quatre écoles normales primaires d'où sont déjà sortis plus de huit mille maîtres, dans les écoles desquels passent tous les ans cent mille élèves. Il existe chez les Hovas six imprimeries, une littérature sacrée, composée de la Bible et d'ouvrages de piété, des manuels des sciences usuelles, etc. Les journaux ne sont pas inconnus, les revues littéraires illustrées non plus. Les Hovas cherchent à s'europaniser avec passion ; ils veulent marcher aussi vite que les Japonais. Une petite ombre à ce tableau. Ces Hovas ont été civilisés surtout par les ennemis de la France. Nos missionnaires ne sont pas nombreux, ils sont persécutés surtout par les méthodistes. Malgré leurs persévérants efforts, dix-sept mille élèves seulement fréquentent nos écoles. Cela changera après la conquête, si nous savons vouloir et les Anglais auront travaillé pour nous. Ce n'est pourtant pas leur habitude. Puis, après la conquête, viendra l'exploitation de la terre nouvelle. Nous souhaitons qu'à Madagascar on installe des colons français, qu'on aide nos nationaux par tous les moyens possibles à faire fortune dans ce pays soumis par nos vaillants bataillons. Tous les voyageurs, M. Gauthier, comme ses prédécesseurs, nous vantent la fertilité de la grande île.

Mission Decœur dans le Borgou.

Nous avons déjà eu à mentionner les explorations scientifiques de notre compatriote le commandant Decœur dans le Dahomey. Ce brillant officier vient de donner une suite glorieuse à ses premiers travaux. Il avait été placé à la tête d'une mission chargée d'explorer l'hinterland du Dahomey et notamment le pays inconnu de Borgou. Les Allemands de Togo et les Anglais de Lagos ont essayé de nous devancer. Les Anglais avaient envoyé, dans l'intérieur, ce fameux capitaine Lugard, cet aventurier sans scrupule qui maltraita si vivement les missionnaires français de l'Ouganda.

M. Decœur a laissé loin derrière lui ses rivaux. Complétant les itinéraires de MM. Aube et Guérin, il s'est avancé jusqu'à Nikki ou mieux Liki, capitale du Bariba, en novembre 1891. Le roi du pays a signé un traité qui le met sous le protectorat de la France. Nous aurons droit d'installer à Liki un résident et son escorte. Ce résultat important aura une valeur encore plus grande lorsque nous aurons placé sous notre influence tout le Niger moyen. Nous avons repris Say où s'était arrêté Monteil en 1891. Cette conquête pacifique est comme la suite nécessaire de la campagne du Dahomey. Seulement nous devrons résoudre de graves difficultés : la trop fameuse compagnie du Niger, dont a eu tant à se plaindre le lieutenant de marine Mizon, voit nos progrès d'un très mauvais œil et revendique, sans avoir aucun droit certain, les territoires parcourus par nos vaillants officiers.

Harry Alis.

Nous avons résumé, dans notre dernier mouvement géographique les considérations si remarquables d'Harry Alis sur les cables sous-marins. Nous ne pensions pas être obligé sitôt d'annoncer la disparition de ce vaillant écrivain. Il est mort d'une façon tragique, dans un duel dont les causes sont restées inconnues. Harry Alis, depuis quelques années, était un des principaux directeurs d'opinion de la politique coloniale. Il a servi avec beaucoup de cœur une grande cause. Il était comme la cheville ouvrière du Comité de l'Afrique française, dont il rédigeait le bulletin. Il avait suscité des vocations d'explorateurs depuis Crampel jusqu'à M. Maistre : à ces soldats vaillants il prodiguait les encouragements, il fournissait des subsides. Son nom doit être inscrit en lettres d'or à côté des conquérants de l'Afrique française. Il laisse de nombreux livres. Le dernier a pour titre : *Nos Africains.* Il a écrit, de tous côtés, de nombreux articles remarquables. Il meurt en plein combat, au moment où nous avons besoin d'hommes résolus à montrer aux Français l'avenir merveilleux de notre domaine extérieur.

J. CORCELLE.

Bourg. — Imprimerie du *Courrier de l'Ain.* 0-96

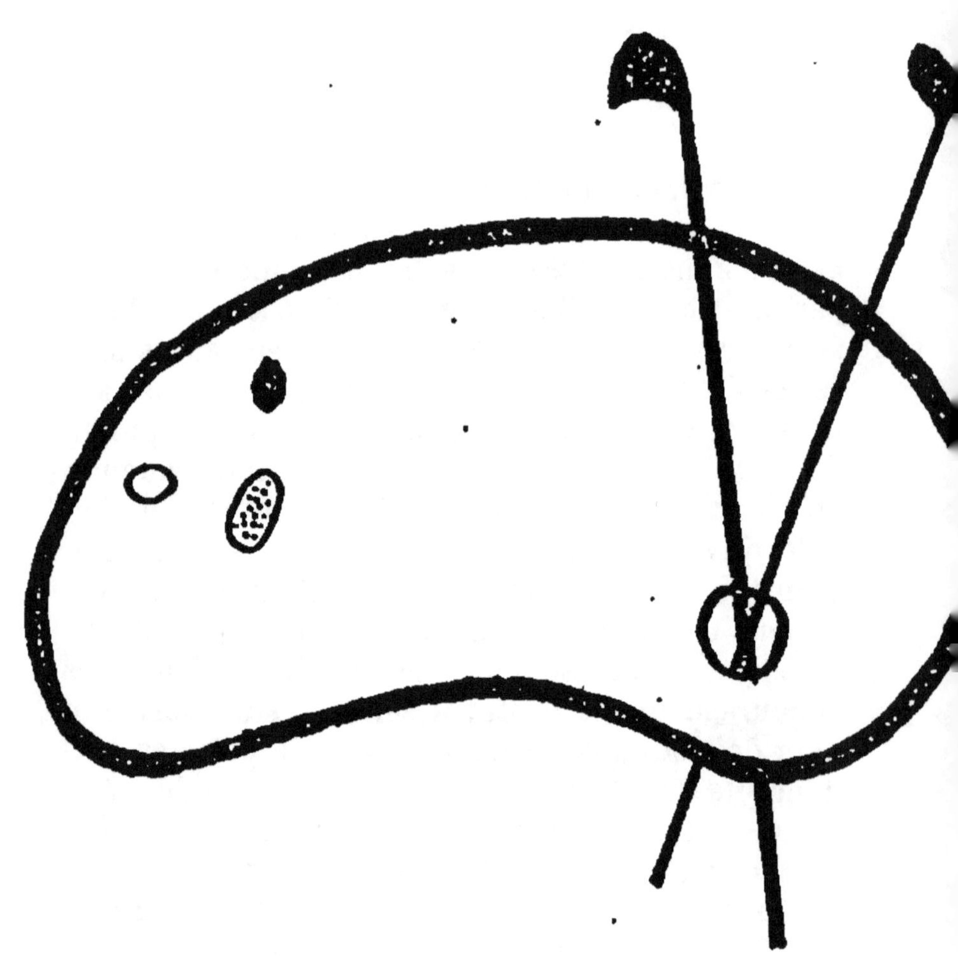

ORIGINAL EN COULEUR
Nº Z 43-120-8